了凡四训白话文

〔明〕袁了凡 著

李连胤 等 译

李连胤 题

团结出版社

© 团结出版社，2025 年

图书在版编目（CIP）数据

了凡四训白话文 / 李连胤等译. -- 北京：团结出版社，2025.2. -- ISBN 978-7-5234-1509-2

Ⅰ. B823.1

中国国家版本馆 CIP 数据核字第 2024Z3684K 号

责任编辑：王思柠
封面设计：宋　萍

出　　版：团结出版社
　　　　　（北京市东城区东皇城根南街 84 号　邮编：100006）
电　　话：（010）65228880　65244790
网　　址：http://www.tjpress.com
E-mail：zb65244790@vip.163.com
经　　销：全国新华书店
印　　装：三河市万龙印装有限公司

开　　本：128mm×190mm　　32 开
印　　张：3　　　　　　　　字　　数：38 千字
版　　次：2025 年 2 月 第 1 版　印　次：2025 年 2 月 第 1 次印刷

书　　号：978-7-5234-1509-2
定　　价：20.00 元
　　　　　（版权所属，盗版必究）

序

《了凡四训》是一部修身改命的宝典,是明朝人袁了凡给自己的儿子袁天启写的家书,告诉儿子人的命运不是一成不变的,是可以通过修身改变的。了凡先生姓袁,名黄,字坤仪、初号学海,后来改为了凡,他是浙江嘉兴府嘉善县魏塘镇人,生于公元1533年,1606年去世,活到了74岁。了凡先生是明朝重要思想家,是迄今所知中国第一位具名的善书作者,他的《了凡四训》融会禅学与儒学,劝人积善改过,强调从治心入手,讲明改变命运的原理,了凡先生善于写文章,明万历十四年(1586年)中进士,十六年任河北省宝坻县知县。在任上，革除弊政，兴修海堤，深得民心，万历二十年升兵部职方司主事。

袁了凡的父亲袁仁也是有名的善人，一生行医，精通儒释道，和当时的大画家沈周、才子唐伯虎等为诗文好友。袁仁还与大学者王阳明、王艮、王龙溪等有交往。袁仁博学又善于教育，对少年了凡先生的影响极大。他对袁了凡教导的重心在修身："士之品有三，志于道德者为上，志于功名者次之，志于富贵者为下。"袁仁临死前将藏书全部托付给了袁了凡，沐浴更衣，留下一张字条，写着"附赘乾坤七十年，飘然今喜谢尘缘"两句话，而后自在离开人世，袁仁还把敬信三宝当作必须遵守的家法。家庭的教育为袁了凡思想的形成播下了最初的种子。不仅如此，了凡先生祖上几代都是善人，他的四世祖袁顺饱读诗书，是当地有名的学者，他曾创立社团，积极践行礼仪，以儒家伦理行为自我约束，袁了凡曾祖袁灏以仁义为己任，选择成为医生养家糊口，积累功德。袁灏以后，袁了凡祖父袁祥、父亲袁仁皆为医学高手，且学识广博高深，并践行了袁灏积功累德的思想传统。

我与《了凡四训》这本书缘分很深，记得那是小学六年级的暑假，有一天晚上父亲把这本书送给我，让我读读，还跟我讲，人的命运是可以改的，都是掌控在自己手里的。我一夜之间读完了这本书，我记得很清楚，当时感觉身心清凉，微妙的感觉难以言表，我知道这是一本难得的好书。我读完之后把这本书拿给姐姐，希望姐姐也能读。也就是从那时起我对中华传统文化产生了巨大的兴趣，可以说是这部书打开了我修学传统文化的大门，自此我的生活不同了，我开始如饥似渴地寻找各种儒释道的典籍来读，这部书的第一部分"立命之学"对我的影响尤其大，让我知道，原来人的命运都是掌控在自己手里的，在此之前我一直觉得人的命运好坏都是靠运气和努力，读了《了凡四训》知道原来这个世间所有的好运都是一个人积下的德在这个世间的显化罢了。这部书是了凡先生用文言文写成的,尽管这部书的文言文比其他的文言文要好懂一些,但是对于现代人而言依然有难度,也由于手机、电脑等现在高科技产品的影响,现在读书的人越来越少,很多年轻人看到比较厚的书就害怕,看到言辞古奥的句子就昏沉,为了减轻大家读书的压力,也为了让读者在视觉上更加轻松,同时考虑到现在市面上文白对照的《了凡四训》版本种类很多,所以这次就把《了凡四训》的原文去掉,只单独出版白话文,把这本书做成一本薄薄的小册子,希望大家都能轻松自在无障碍无负担的阅读这本书,这也是我想出版纯白话文的原因。《了凡四训》改变了很多人的命运,曾国藩正是在读了这本书后把自己的名字改成为"涤生",表达改变认知,重获新生;日本汉学家安冈正笃对本书推崇备至,建议将这本书视为"治国宝典";日本著名企业家稻盛和夫早年读到《了凡四训》并将其作为人生指导，他后来在著作中说道："我邂逅了中国400年前袁了凡写的著作《了凡四训》，顿时得到了顿悟，原来人生是这样的。"

我想出版纯白话《了凡四训》的想法已经有近二十年了，今天终于得偿所愿，希望越来越多的人能通过《了凡四训》这本书而改变命运，也希望越来越多的人通过这本书认识传统文化，最后感谢我的老父亲当年把这本书送给我，感谢身边一直支持我的师友们，感谢著名古籍出版人萧祥剑老师，感谢团结出版社。

李连胤
2024年9月30日于北京诚意斋

目 录

袁了凡先生简介 …………………… 9

袁了凡居士传 ……………………… 12

第一篇 立命之学 …………………… 16

第二篇 改过之法 …………………… 33

第三篇 积善之方 …………………… 43

第四篇 谦德之效 …………………… 76

附录：云谷大师传 ………………… 83

袁了凡先生简介

袁黄（1533年—1606年），初名表，后改名黄，字庆远，又字坤仪、仪甫，初号学海，后改了凡，后人常以他的号"了凡"称之，浙江嘉兴府嘉善县魏塘镇人。晚年辞官后曾隐居吴江芦墟赵田村。

袁了凡是明朝重要思想家，是迄今所知中国第一位具名的善书作者。他的《了凡四训》融会禅学与理学，劝人积善改过，强调从治心入手的自我修养，提倡记功过格，在社会上流行一时。

袁了凡于嘉靖十二年（1533）出生在嘉善县魏塘镇（故居陶庄镇），年轻时聪颖敏悟，卓有异才,为万历初嘉兴府三名家之一。万历十四年(1586)中进士,十六年授宝坻知县,很有政绩,作为一个县的父母官,袁黄深知农民负担之重,因此,在宝坻任知县(1588—1592)期间,十分关心民间疾苦,做了许多有利于地方百姓的事情。被后世誉为宝坻自金代建县八百多年来最受人称道的好县令。

万历二十年(1592),倭寇进犯朝鲜,升任兵部职方司主事,不久调任援朝军营赞划,谋划平壤大捷,一举扭转战局。后罢归乡里,著书立说,担任《嘉善县志》主笔,1606年夏去世,享年74岁。天启元年(1621)追叙袁了凡东征之功,赠"尚宝司少卿"。清乾隆二年(1737)入祀魏塘书院"六贤祠"。

袁黄博学多才,在历数、律吕、水利、兵事、堪舆、星命等方面皆有造诣。他虽身在官场,但律己非常严格,每天处理公务之后,都要反省自身所为,并填写"功过格",记录下哪些做对了,哪些做错了。

袁黄一生著述颇丰。据不完全统计,袁了凡共计有著述二十二部,一百九十八卷,主要有《了凡四训》、《皇都水利》、《评注八代文宗》、《宝坻政书》、《两行斋集》、《劝农书》、《史汉定本》、《群书备考》、《历法新书》等。袁了凡是中国历史上规模最大、价值最高的一部大藏经《嘉兴藏》的最早倡刻者。这些著作不仅在大陆影响广泛,也深深影响着整个华人世界。

袁了凡居士传

袁了凡先生，本名袁黄，字坤仪；年轻时入赘到浙江省嘉善县姓殳的人家；因此，在嘉善县得了公费做县里的公读生。他于明穆宗隆庆四年（西元一五七〇年），在乡里中了举人；明神宗万历十四年（西元一五八六年）考上进士，奉命到河北省宝坻县做县长。过了七年，拔升为兵部"职方司"的主管人，任中，刚好碰到日寇侵犯朝鲜，朝鲜向中国求救兵。当时的"经略"（驻朝鲜军事长官）宋应昌奏准请了凡为"军前赞划"（参谋长）的职务，并兼督导支援朝鲜的军队。提督李如松掌握兵权，假装赐给高官俸禄与日寇谈和，日寇信以为真，没有设防；李如松发动突击，攻破形势险要的平壤，因而打败了日寇。

　　了凡先生因为这件事当面指责李如松，不应用诡诈的手段对付日寇，这样有损大明朝的国威；而且李如松手下的士兵随便杀害百姓，并以人头来记功。了凡向李如松据理力争；李如松发怒，不但不接受劝诫，反而独自带着军队东走，使得了凡所率领的军队孤立无援。日寇因而乘机攻击了凡的军队，幸赖了凡机智应对，将日寇击退。而李如松的军队，最后被日寇击败了。他想要脱却自己的罪状，反而以十项罪名弹劾袁了凡；了凡很快地被提出审判，终于在"拾遗"（谏官）的任内，被迫停职返乡。在家里，了凡非常恳切、认真地行善直到去世，过世时享年七十四岁。

　　明熹宗天启年间，了凡的冤案终于真相大白，朝廷追叙了凡征讨日寇的功绩，赠封他为"尚宝司少卿"的官衔。了凡先生从当学生时，就非常喜欢研究学问，书不论古今，事不分轻重，他都认真研究,并且非常通达。例如:星象、法律、水利、理数、兵备、政治、堪舆等。

了凡先生在宝坻县当县长时,非常注重人民的福利,常常想做些有利地方的事情:宝坻县当时常有水灾泛滥,了凡先生于是积极兴办水利,将三汊河疏通,筑堤防以抵挡水患侵袭;并且教导百姓沿着海岸种植柳树,当海水泛滥,挟带沙土冲上岸时,遇到柳树就积挡下来,久而久之变成一道堤防。于是了凡先生又督导百姓在堤防上建造沟渠,并鼓励百姓耕种;因此,荒废的土地渐渐地开垦,了凡先生又免除百姓种种杂役以便民,使得百姓安居乐业。

了凡先生家里并不富有,可是却非常喜欢布施,家居生活俭朴,每天诵经持咒,参禅打坐,修习止观。不管公私事务再忙,早晚定课从不间断。在这当中,了凡先生写下四篇短文,当时命名为"诫子文",用来训诫他儿子,就是后来广行于世的《了凡四训》这本书。

了凡先生的夫人非常贤慧，经常帮助他行善布施，并且依照功过格记下所做的功德，因为她没有读过书，不会写字，因此用鹅毛管沾红墨水，每天在历书上做记号。有时了凡先生较忙，当天所做的功德较少，她就皱眉头，希望先生能多做些善事。有一次，她为儿子裁制冬天的大袍子，想买棉絮做内里。了凡先生问："家里有丝绵又轻又暖和，为什么还买棉絮呢？"了凡夫人答："丝绵较贵，棉絮便宜，我想将家里的丝棉拿去换棉絮，这样可以多裁几件棉袄，赠送给贫寒的人家过冬！"了凡先生听了非常高兴地说："你这样虔诚布施，不怕我们的孩子没有福报了！"他们的儿子袁俨，后来中了进士，最后以广东省高要县的县长退休。

第一篇　立命之学

我童年时父亲就去世了，母亲要我放弃学业，改行学医术，她说行医可以谋生，也可以治病救人。并且精通一门技艺而后扬名天下，正是你父亲的愿望。

后来我在慈云寺碰到一位修髯伟貌、飘飘若仙的老人家，就恭敬地向他行礼。老人家对我说："你是官场中人，明年就可考中秀才，你为什么不读书呢？"我就把母亲叫我放弃读书而去学习医术的缘故告诉他，又请问老人家的姓名籍贯等事。老人家说："我姓孔，是云南人，学得宋朝邵康节先生《皇极经世》的真传。因为缘分，我应该把《皇极经世》传给你。"我就带老人家到家里。母亲要我好好侍候他。

孔先生推算的事情很详尽，连细节问题也应验无误。因此我相信孔先生的推算，动了读书的念头，就和表哥沈称商量。表哥说："我的好朋友郁海谷先生在沈友夫家里开馆授徒，送你过去寄读很方便。"于是我便拜郁海谷先生为师。

孔先生推算我县考时考第十四名，府考时考第七十一名，提学考时考第九名。第二年，我参加考试，三次考试所得名次和孔先生推算的完全相符。

孔先生又替我推算终生的命数：某年考取第几名，某年补廪生，某年做贡生，又在贡后某年，被选为四川某县县令，做县令三年半后，最好辞官回乡，五十三岁那年八月十四日丑时，就寿终正寝，可惜命中没有儿子。这些话我都作了记录，并牢记在心。

从此以后，凡是参加考试，所考名次先后，都不出孔先生所算。唯独算我做廪生领到九十一石五斗米时才能出贡这件事起了波折,当我领到七十一石米时,学台屠宗师就批准我补贡,我当时就怀疑孔先生的推算不灵了。

谁知后来学台代理杨宗师驳回屠宗师的批准,不准我补贡生。直到丁卯年,殷秋溟宗师查看考场的"备选试卷"时,看到我的试卷,动情地说:"这份卷子所做的五篇策论,竟有奏议的水准。怎么可以让这么有学问的读书人埋没到老呢?"于是他就吩咐县官写申请公文,准我补了贡生。我这段时间领的廪米,加上以前那部分,刚好是九十一石五斗。

经过这番波折,我更加相信命数的存在,即使屠宗师提前让我补贡,因为不符合命数,必然要被杨公驳回,当符命数要求时,自然有殷宗师帮我补贡。所以,我把一切事情都看淡了,变得无所追求。

补贡以后,我到北京国子监读书一年。这一

年里，我整天都在静坐，也不看书写字。到了己巳年，回南京国子监，还没报到时，我先到栖霞山拜见云谷禅师。我同禅师在禅房里对坐，三天三夜没有闭过眼睛。

云谷禅师问我："普通人不能成为伟人，只是因为妄念一个接着一个，束缚了自己的行动。而你静坐三天，我没见过你起一个妄念，这是什么缘故呢？"

我说："我的命运早被孔先生算定了，一生中生死荣辱都有定数，没有办法改变。想也是白想，真要想也不知该想些什么。"

云谷禅师笑着说："我还以为你是个豪杰，谁知也不过是个凡夫俗子。"

我问他为什么这么说。云谷禅师说："普通人未能进入'无心'境界，一定要被命数控制，怎能说没有命数呢？但是只有普通人，才会被命数所束缚，大善人或者大恶人，命数是控制不住他的。二十年来你被孔先生算死，不能改变一分一毫。你不是凡夫,是什么?"

我问云谷禅师:"人真能摆脱命运的束缚吗?"

禅师说:"命由我造,福自己求。《诗》《书》中说的,的确是至理名言。佛家经典也说,诚心追求富贵可得到富贵,诚心追求儿女可得到儿女,诚心追求长寿可得到长寿。说谎是佛家大戒,佛菩萨可能说假话吗?"

我还是不明白,又问:"孟子曾说,'求则得之,是求在我者也',我内心的道德仁义可以通过自己的努力修来,功名富贵等身外之物,怎么求得到呢?"

云谷禅师说:"孟子的话没错,是你理解错了。你看六祖惠能大师也说,'一切福田,不离方寸,从心而觅,感无不通',在自己的心田里求,既可求得内心的道德仁义,又能求得身外的功名富贵,就是'内外双得',就说明求有助于得,求则得之。反之,若不立足自心福田,经常检讨反省自己，而是盲目向外攀缘，追求名利福寿，那么只能听天由命了，就是'内外双失（失就是失控，自己作不了主的意思）'，正说明求无益于得，自己根本无法摆脱命运的束缚。"

云谷禅师又问："孔先生算你终身的命运如何？"我将孔先生的推算和盘托出。云谷禅师说："你自己仔细想想，你应该考得功名吗？应该有儿子吗？"

我想了很久才说："我不应该考得功名，也不应该有儿子。因为有功名的人都有福相，而我相薄福浅。第一，没有行善积德，以增长福报；第二，性格急躁，怕麻烦，气量小，不能包容别人；第三，恃才傲物，锋芒毕露，经常用自己的才华去贬低别人，说话直来直去，经常信口开河，滔滔不绝。这些都是福薄的表现，怎么能考得功名呢？

"我也不应该有儿子，第一，地之秽者多生物，水之清者常无鱼，而我有洁癖的毛病；第二，和气能育万物，我却脾气暴躁，经常生气发怒;第三,爱为生生之本,忍(残忍)为不育之根,而我却执著自己的名节,不能舍己为人,助人为乐;第四,我说话总是口若悬河滔滔不绝,容易耗费元气;第五,我嗜酒,经常喝得酩酊大醉,容易消散精神;第六,我喜欢整夜长坐,不睡觉,不晓得保护元气养育精神。其它还有许多过失,说也说不完。"

云谷禅师说:"岂只是功名,你得不到的事情还多着呢!世上拥有千金家产的人,一定有享用千金的福报,拥有百金家产的人,一定有享用百金的福报;应该饿死的,一定是要受饿死报应的人。上天不过根据他本来的材质进行雕琢加工,什么时候强加过丝毫意思?就像生儿子,譬如一个人积了一百代的功德,就一定有一百代的子孙来保住他的福;积了十代的功德,就一定有十代的子孙来保住他的福;积了三代或者两代的功德,就一定有三代或者两代的子孙来保住他的福;至于绝后,那是因为他的功德极薄。

"你既然知道自己的问题，就应该把你得不到功名，以及不生儿子的种种不良行为习惯，彻底改过来。一定要行善积德，一定要大度包容，一定要和气待人，一定要爱惜精神。从前有害身体健康，折损福报的行为习惯都要彻底改掉，从今天开始要脱胎换骨，做一个明白事理，懂得用正确方式追求幸福的人。我们这个血肉之躯，尚且还有命运定数，通达命运的人，怎么不能感动上天，改变自己的命运呢？

"《书经·太甲》篇上说，'天作孽，犹可违，自作孽，不可活'（意思是：天降给你的灾祸，或者可以避开；而自己造的孽，一定要自己受报应），《诗经》也说，'永言配命，自求多福'（意思是：人要随时检讨自己的行为是否符合天道的要求，幸福的生活要自己去创造）。孔先生算你不得功名，命中无子，这就是上天降给你的灾祸，还可以改变！你只要提高自己的道德水平，多做善事多积阴德，加大自己的福报，哪有享受不到自己福报的道理?

"《易经》帮助正人君子趋吉避凶,如果命运真的不能改变,那么吉祥怎么追求,凶险如何避免?《易经》开头就将核心思想揭示出来,'积善之家,必有余庆'(意思是:经常行善的家庭,不仅自家有福报,还能福荫子孙),你相信这个道理吗?"

我相信云谷禅师的话,拜谢他的教诲,同时把以前所做的错事所造的罪业,到佛前检讨忏悔,还写了一篇疏文,祈求能考得功名,并发誓要做三千件善事,来报答天地祖先的恩德。

云谷禅师听了我的誓言,就拿出功过格给我,要我将所做的善事恶事,逐日逐条记录在功过格上,做了善事可加分,做了恶事要扣分。云谷禅师还教我念准提咒,确保我能达成所愿。

云谷禅师又对我说:画符的专家曾说:一个人如果不会画符,是会被鬼神耻笑的。画符有一种秘密的方法传下来,只是不动念头罢了。当执笔画符的时候,不但不可以有不正的念头,就是正当的念头,也要一齐放下。把心打扫得干干净净,没有一丝杂念,因为有了一丝的念头,心就不清净了。到了念头不动,用笔在纸上点一点,这一点就叫混沌开基,因为完整的一道符,都是从这一点开始画起,所以这一点是符的根基所在。

从这一点开始一直到画完整个符,若没起一些别的念头,那么这道符,就很灵验。不但画符不可夹杂念头,凡是祷告上天,或者是改变命运,都要从没有妄念上去用工夫,这样才能感动上天。

云谷禅师又说:"孟子讲立命的道理时说,'夭寿不贰'(意思是短命和长寿没有分别)。短命和长寿怎能说没有分别呢?要晓得婴儿还在娘胎里时,谁晓得这孩子是短命还是长寿?孩子出生时,立即带上前生前世的业因果报,就有了短命和长寿的分别。要改变自己的命运,就要利用因果报应的规律,通过破迷断恶、行善积德来积累福报，将短命变成长寿。这个道理推而广之，就是丰收跟歉收、穷困跟通达、短命跟长寿本来相同，只因业缘不同而有差别，通过断恶修善就可改变或贫穷或富裕、或尊贵或卑贱，或生存或死亡的命运。人生在世，最重要的事情就是生死问题，明白了如何面对生死，也就能从容应对人生中的一切顺境逆境。

"孟子说，'修身以俟之'（意思是：自己只管修心养性、行善积德，机缘成熟，上天一定会安排福报的降临），说的是行善积德，向天祈祷的事。说到修字，就是自己身上所有的过失罪恶，都要彻底改掉。讲到俟（等待）字，就是连一丝一毫的非分之想、攀缘念头（如走后门走捷径等），都要彻底根除。能够这样，就可算是走上通往'无心'，即将成圣成贤的康庄大道了。这才是人世间最实在最受用的学问。

"你虽然还达不到'无心'的水平，但若能念准提咒，一遍一遍念下去，不要记数，不要间断，念到极熟的时候,自然就会口里在念,心里不觉得在念,在不念的时候,心里不觉仍在念,到了念头不起时,就可暂时得到'无心'的体验,这时你就会有许多意想不到的收获。"

我原来的名号叫做"学海",今天改为"了凡"。因为我超越了世俗的观念,明白了立命的道理,不愿再做普通人了。从此以后,我就整天小心谨慎,感觉和以前大不相同。以前整天糊里糊涂,无所事事。现在变得谨小慎微,战战兢兢,如履薄冰,如临深渊。在暗处无人监管时,我也常恐怕得罪天地鬼神;受到别人嗔恨诽谤,我也能安然接受,而不斤斤计较,争论是非曲直。

第二年,我参加礼部科考,孔先生算定我应该考第三名,结果却是第一名,孔先生的话开始不灵了。秋天我又参加乡试,竟然中了举人,这是我命里本来没有的。我改造命运的计划初见成效,就更加相信云谷禅师的话,深信命运是可以改造的!

我虽然改了不少毛病,却很不彻底,还有很多不足之处。例如:做好事的行动不够坚决,帮助别人时自己还会犹豫,做了好事喜欢四处张扬,清醒时还能严格要求自己,酒醉后又放肆胡来。虽然做了善事,又在不断犯错,将功抵过,就这样虚度光阴,从己巳年发愿,直到己卯年,十年时间才把三千件善事做完。

当时,我正和李渐庵先生,从关外回来,没来得及把三千件善事回向。到了庚辰年,我从北京回到南方,才请性空、慧空两位大和尚,借东塔禅堂完成回向的心愿。这时,我又起了求生儿子的心愿,就许下再做三千件善事的大愿。到了辛巳年,生了你,取名"天启"。

我每做一件善事,都用笔记下来。你母亲不识字,她每做一件善事,都用鹅毛管,印一个红圈在日历上,或是送食物给穷人,或是买活物放生,都要印圈。有时她一天可印十几个红圈呢!到癸未年八月,三千件善事才做完。我又请性空和尚等，在家里做回向。到那年九月十三，我又起求中进士的愿，并许下做一万件善事的大愿。到了丙戌年，居然中了进士，吏部就让我补了宝坻县县令的缺。

我做县令时，准备了一本有空格的小册子，我称之为《治心篇》，就是要治理内心的邪思歪念的意思。每天早晨坐堂审案时，我叫家里人拿《治心篇》给差役，将我每天所做的善事恶事，不管大小都详细记录在《治心篇》上。到晚上，我就在家里庭院中摆下桌子，效仿宋朝的铁面御史赵阅道，焚香祷告天帝。

你母亲见我所做的善事不多，常常皱着眉头说："我从前在家帮你做善事，所以三千件善事能够做完。现在你许了做一万件善事的心愿，在衙门里又没什么善事可做，要等到什么时候才能做完呢？"

我也犯了愁，有次晚上睡觉我做梦，梦中遇到一位天神，我就将一万件善事不易做完的事告诉天神，天神说："只算你当县令减轻田赋这件事，就可抵一万件善事。"宝坻县的田赋，本来每亩要收银两分三厘七毫，我觉得百姓负担太重，就把全县的田地重新清理测算，并将每亩应缴的田赋减少到一分四厘六毫。虽然确有其事，但我心里还是有疑惑。

恰好幻余禅师从五台山来到宝坻，我就把梦境告诉了禅师，并问禅师这件事的可信度。幻余禅师说："做善事若能存心真切，不图回报，那么一件善事跟一万件善事没有差别。况且你减轻全县的田赋，全县得到恩惠的何止万人？我听了禅师的话，就捐出我的俸银薪水，请禅师在五台山替我斋僧一万人，并将功德回向。

孔先生算我只能活到五十三岁，我没有向天祈寿，五十三岁那年竟然平安无事，现在已经六十九岁了。《书经》上说："天难谌，命靡常"（意思是天道难测，命运无常）。又说："惟命不于常"（意思是人的命运并非一成不变）。这些话一点都不假,因此我相信,命运由自己决定是圣人的观点,命运由天注定是世俗人的观点。

你的命运不知究竟怎样。就算命中应该兴旺发达,也要以不得意相看待;就算行运顺风顺水,也要以不称心相看待;就算眼前衣食无忧,也要以贫困相看待;就算旁人敬重你,也要诚惶诚恐、小心谨慎;就算你家世显赫,也要以出身低微相看待;就算你学识渊博,也要以肤浅相看待。

长远看,要努力发扬祖先的德行;近处看,要尽力弥补父母的过失;向上,要热爱祖国,时刻准备为国家作贡献;对下,要尊老爱幼,为全家人造福;对外,要乐于助人;对内,要检讨反省自己。

你每天都要发现自己的缺点并立即改正,若有一天没有发现缺点,或者没有改正错误,那这一天算是白过了。天下许多有才气的人,到最后学问却不见得有多高深,事业也没多大成就,就是因为他们因循守旧,得过且过,以至虚度年华,耽搁一生。

云谷禅师所说的话,包含着精妙深邃,至真至正的道理,你要深入研究,努力践行,千万不要浪费光阴!

第二篇　改过之法

春秋时期,各诸侯国的高级官吏,能从一个人的言谈举止、气质神态,判断出他的命运祸福,而且判断没有不灵验的。《左传》和《国语》等史书有许多这方面的记载。通常情况下吉祥和凶险的预兆,都从心里发出而体现在人的言谈举止、气质神态上。譬如某人厚道稳重,就说明他的福报已近,某人刻薄,就说明他的灾祸不远。普通人不会看气色面相,就说祸福无常,命运无法预测。人心至诚无妄,就能与天道互相感应,这样的人就能通过他人的言谈举止来预测他的祸福情况。如一个人福报即将来临时,他的行为多半是善的，灾祸就要降临时，他的行为多半是不善的。所以，人要想生活幸福，远离灾难，就要多做善事。但是在做善事之前，一定先要把自己的过失改掉。

改过的方法，第一要发"羞耻心"。想想古时圣贤，和我一样，都是男子汉大丈夫，为什么他们可以流芳百世、为人师表，而我却碌碌无为、贱如破瓦？就是因为我贪图享乐，偷偷做了种种不应该做的事，还以为旁人不知道，毫无惭愧之心，就这样渐渐沉沦下去，变成禽兽自己还不知道。世界上没有比这件事更令人羞耻的了。孟子说："耻之于人大矣"（意思是羞耻心对人最重要）。人懂得羞耻，就可以成为圣贤；若不晓得羞耻，就跟禽兽无异。培养羞耻心，就是改过的关键。

改过的第二个方法，是要发"敬畏心"。举头三尺有神明。在大家看不到的地方干了坏事，天地鬼神看得清清楚楚。过失重的，种种灾祸立即降临；过失轻的，也要折损现在的福报，这怎么能不怕呢？

　　不仅如此，就是在自己家里也离不开神明的监察，我虽然把过失遮盖得十分严密，掩饰得十分巧妙，但实际上，我的言谈举止、气质神态早已表现出来，出卖了我。若是被人看破，人格更是变得一文不值，这又怎能不畏惧呢？

　　再说，人还活着时，就算犯下滔天罪过，还是可以忏悔改过的。古时候就有人，做了一辈子坏事，临终前悔悟，发一个善念而得善终。这就是说，人转一个真切勇猛的善念，便可以把百年所积的罪恶洗净。譬如千年黑暗的山谷，只要一盏灯就可以把千年的黑暗除尽。所以过失不论长久新近，能改就行。但是，绝对不可以认为平时犯过无所谓，临终前改了就没事。因为世事无常，谁知自己的死期？哪天一口气缓不过来，怎么去改过？明的报应，在阳间你要承担千百年的恶名，即使有孝子贤孙也不能替你洗清恶名；暗的报应，在阴间还要千百劫沉沦在地狱里受无量无边的苦难，即使碰到圣贤、佛菩萨也无从救拔接引。这又怎能不怕呢？

第三，要发"勇猛心"。一个人之所以有过不改，多是因为得过且过，不肯振作奋发而自甘堕落的缘故。改过一定要下定决心、振奋精神、勇往直前。小的过失，像尖刺戳在肉里一样要赶紧挑掉；大的过失，像手指头被见血封喉的毒蛇咬到一样要立即切掉，不能有丝毫犹疑，如迅雷不及掩耳要越快越好。

如果具备"羞耻心"、"敬畏心"、"勇猛心"这三种心，那么就能有过即改了，就像春天里的薄冰碰到太阳光一样，能不立即融化吗？改过有从事上着力，有从理上着力，也有从心上着力的，三种方法不同，所得到的效验也不一样。

第一，从事上着力。譬如前天杀生，今天起不再杀生了。前天发火骂了人，今天起不再发火骂人了。这些就是在事上着力来改过。这是从外部施加压力，难度比较大，而且病根没有根除，很容易旧病复发，不是彻底改过的方法。

第二，从理上着力。善于改过的人，未采取行动时，先搞清道理。譬如一个人犯了杀生的罪过，就要这样想：上天有好生之德，凡是动物都爱惜自己的生命。杀它的生命来养我的身体，自问心能安吗？而且动物在入口前还要受屠宰之痛，烧煮煎熬之苦，各种痛苦一直透进骨髓。实际上，人活着，各种美味佳肴吃了之后，便成渣滓，什么都没有了；而蔬菜素食素汤等，也吃得饱，为什么一定要伤害生命，造杀生的罪孽，减自己的福报呢？又想，凡是有血气的东西，都有灵性知觉，既然都有灵性知觉，那么和我本来一体，就算自己不能将道德修到极高的境界，使它们都来尊重我、亲近我，也不能天天伤害它们，使它们与我结仇，以致冤冤相报无尽期呀！能想到这些，就会吃不下桌上那些本来有血肉，有生命的菜肴。

又譬如喜欢发怒，应该想到：如果是对方不懂事，我应该哀怜他才对；如果是对方不讲道理,那错在他,与我有什么关系呢?本来就不值得发怒生气呀!又想到:天下没有自以为是的英雄豪杰,也没有专门用来怨天尤人的学问。因此一个人做事不称心,都是因为自己的道德没修好,功德没修满,无法感化别人,所以要时刻反省检讨自己。别人诽谤我,反而变成磨炼我、成就我。我应该愉快地接受别人对我的批评,哪里还有怨恨呢?如果被诽谤而不生气,那么不管诽谤有多厉害,烧上天了也不怕,最后一定要熄灭;如果因诽谤而生气,那么就是百般辩解也无济于事,就如作茧自缚,越解释越混乱,越描越黑。可见,生气不但无益,而且有害。

其它各种过错,也都要像上面讲的那样,先从道理上搞清楚,道理明白了,过错自然就改过来了。

第三,从心上着力。人各种各样的过失,都是由心造出来的,我的心要是不动,那么过失从何而生?凡是读书人,或是喜欢美色,或是喜欢名声，或是喜欢财物，或是喜欢发火，各种各样的过失，不必一一列出。只要心善，至诚无妄，那么各种邪念妄想，自然就污染不了了，譬如丽日当空，所有妖魔鬼怪都不敢出现，这就是最精妙绝伦的修心补过诀窍。过失由心而造，也要由心而改，正像斩除毒树一样，只要直接砍断树根就行了，又何必一枝一枝地裁剪，一叶一叶地摘掉呢？

改过最高明的方法是修心。如果心地清净，邪念起时自己已经觉察到，只要消掉邪念就不会犯错了；做不到心清净，就要在理上下功夫，搞清道理，也不会轻易犯错；理上功夫做不到，只好在事上加把劲，有错就改，又错又改，尽量弥补过失。这三种方法也可同时使用，犯了错就改，同时搞清道理，还要历事练心，提高修心的功夫。若是只知从事上改过，而不在理上问个所以然，更不修心；或者虽然明白了事理，却不修心，都不能从根本上改正过失，更不能通达生命，了脱生死，成就伟业。

发愿改过，最好能得到多方帮助。日常生活中，要有良师益友在身边时时提醒；心灵深处，要树立坚定的信仰，要对着自己的信仰虔诚忏悔，从早到晚，绝不放松，经过一个七天，两个七天，直到一个月，两个月，三个月……这样坚持下去，一定会有意想不到的效验！

改过忏悔后，会有各种体验。例如你会觉得精神舒畅，心旷神怡；或觉得突然智慧大开，灵感涌动；或是虽然处在复杂沉闷的环境里，心中静如止水，又无所不通；或碰到冤家仇人时，能将怨恨转为欢喜；或是梦见自己吐出黑物；或是梦见受到古时圣贤的提携接引；或是梦见自己在太空中漫步；或是梦见各种彩旗华盖。出现诸如此类各种各样的好征兆，都是说明你已经消除掉好多罪过业障了。但是也不能因此而骄傲自满、固步自封，还要百尺竿头、更进一步。

春秋时代卫国的贤大夫蘧伯玉在二十岁时，

已经能反醒过去的过失,作深刻检讨并彻底改过了。到了二十一岁,又觉得以前所改的过失并不彻底;到了二十二岁,再回忆二十一岁时,还像在梦中一般,就这样一年一年地过去,一年一年地改过;直到五十岁时,还觉得过去的四十九年,仍然有不足。古人改过就是这样孜孜不倦,永不停息。

我们都是平凡人,过失罪恶,就像刺猬身上的刺一样,满身都是。回想过去却经常看不到自己的过失,简直就是心粗眼患病。

如果人业障深重、罪孽缠身,也会有各种不好的体验。例如:整天精神恍惚,萎靡不振,魂不守舍;或者是健忘,遇事转头就忘;或者是莫名其妙自生烦恼;或者是见到品德高尚的人就觉得无地自容,自惭形秽,垂头丧气;或者是听到光明正大的道理,却不开心;或者是有恩惠给别人,对方却不领情反生怨恨;或者是夜里噩梦不断,甚至语无伦次,好像中邪一样。如此种种都是不正常的现象,都是干了坏事的表现。假使你有上面所说的某种情形,更应该即刻振作精神,奋发向上,努力改过,重新开始一条人生的康庄大道,希望你不要耽误自己!

第三篇　积善之方

《易经》上说:"积善之家,必有余庆"(意思是:积善的家庭,一定会有很多喜庆的事,还能福荫子孙)。从前姓颜的人家,要把女儿许配给孔子的父亲叔梁纥,就将孔家先祖所积之德一件一件罗列出来,由此推知,孔家子孙一定有大有作为的人,后来果然出了孔子。还有,孔子称赞舜的孝行时说:"他会进宗庙供子孙祭祀,且世代不断,子孙还能长久得到他的福荫。"这些都是确实无误的,我们还能在历史记录中找到很多相同的例子。

当朝少师(太子的老师)杨荣,是福建省建

宁人,他家祖上世代以摆渡为生。有一次,连日下雨以至山洪暴发,洪水冲毁了上游不少民房,被淹的人顺流而下。别的船都去捞取水上漂来的财物,只有少师的曾祖父和祖父,专门去救灾民,而财物一件都不捞。乡人都笑他们是傻瓜。等到少师的父亲出生时,家里开始渐渐宽裕起来。有一位神仙化做道士模样,跟少师的父亲说,你的祖父和父亲,积了许多阴功,子孙应该发达做大官。你可以将你的先祖葬在某处。少师的父亲就把祖父和父亲移葬在道士所说的地方。这座坟就是现在大家都知道的白兔坟。后来少师出生了,二十岁就中进士,不断升迁,直到位列三公。皇帝还追封他的曾祖父、祖父、父亲。而且少师的子孙,都非常兴旺,直到现在还有许多贤能之士。

浙江宁波人杨自惩,起初在县衙做书办,他心地厚道,遵纪守法,做事公正。当时的县官,为人严厉方正,有一次发怒把一个囚犯打得血流满地,还不解恨。杨自惩就跪下替囚犯求情,请县官饶过囚犯。县官说:"这个囚犯不守法律,违背常理,实在是太可恶了,由不得人不生气啊!"杨自惩一边叩头一边说:"现在朝廷失却正理,政治黑暗,人心散失已经很久了。审出案情时应该替他们伤心,可怜他们不明事理,误蹈法网,而不能雀跃欢喜。欢喜尚且不可,又怎么可以发火呢?"县官听了杨自惩的话,非常感动,态度和缓下来,气也消了!

杨自惩家其实很穷困,别人送他东西,他却一概不受。碰到囚犯缺粮时,他就想方设法弄些米来救济他们。有一次来了几个新囚犯,没有东西吃,非常饥饿。他自己家里刚好米也不多,若是拿来给囚犯吃,自家人就要挨饿;要是自己吃,囚犯又饿得很可怜。实在没办法,就跟妻子商量。妻子问他:"犯人从什么地方来的?""从杭州来的,他们一路挨饿,现在饿得脸上一点血色都没有。"两夫妇就从自家锅里撤出一些米,用来煮稀饭给新来的囚犯吃。后来他们生了两个儿子,大的叫守陈,小的叫守址,分别当了南北吏部侍郎,大孙子当刑部侍郎,小孙子当四川按察使。两个儿子,两个孙子都是名臣,当朝两个名人楚亭和德政,也是杨自惩的后代。

明朝英宗正统年间,邓茂七在福建一带造反。福建有很多读书人和老百姓跟随他造反。皇帝派出曾经担任都御使的鄞县人张楷,去搜捕围剿造反者。张楷用计捉住了邓茂七,又委派福建布政司谢都事去屠杀造反余党。谢都事不肯乱杀人,就向各处收集造反者名册,凡不在名册上的人就暗中给一面小白旗,要他们在官兵搜查贼党时把小白旗插在家门口,并且禁止官兵乱杀好人。就这样保存了一万多人的性命。后来谢都事的儿子谢迁,就中了状元,官至宰相,孙子谢丕,也中了探花。

福建省浦田县的林家,上辈中有一位老太太喜欢做善事,经常用米粉做粉团给穷人吃。只要有人向她要,她就立刻给,而且毫不厌烦。有一位仙人，变作道士，每天早晨向她讨六七个粉团。老太太每次都给他，一连三年，天天如此。仙人晓得她作善事的诚心，就跟她说："我吃了你三年的粉团，要怎样报答你呢？这样吧，你家后面有一块地，若是你死后葬在这块地上，将来子孙有官爵的，就会像一升麻子那样多。"后来老太太去世了，她的儿子依照仙人的指示，把老太太安葬下去。林家子孙第一代发科甲的，就有九人。后来世世代代，做大官的人非常多。因此福建省竟有"无林不开榜"（意思是林家参加考试的人很多，发榜时榜上也不会没有姓林的人）的民谣。

冯琢庵太史的父亲还在县学里做秀才时，一个寒冬早上他去县学，路上碰到一个人倒在雪地里，就快冻死了。冯老先生马上脱下皮袄替他穿上，并扶他到家里取暖施救。冯老先生救人后，有一晚上梦见一位天神告诉他："你救人一命完全出自至诚之心，所以我要派韩琦投生到你家，做你的儿子。"后来老先生生了儿子琢庵，就起名为"冯琦"(韩琦是宋朝一位文武双全的贤能宰相,现在天神安排他来投胎转世,当冯老先生的儿子)。

浙江台州有一个应尚书,壮年时在山中读书,晚上,鬼常聚在一起吼叫吓人,只有应公不怕。有一夜,应公听到一个鬼说:"有一个妇人,丈夫出远门好久没回来,公婆认定儿子已经死了,逼妇人改嫁,但是妇人要守节不肯改嫁,准备明晚在这里上吊。真开心,我终于可以找到替身了。"应公听到这些话,就暗中卖田,并以妇人丈夫的名义写信回家,随信附上卖田所得的四两银子。那人的父母看信以后,因为笔迹不像,怀疑信是假的,后来看到银子就说:"信可以是假的,但是银子假不了!儿子一定还活着,平安无事。"所以他们就不再逼媳妇改嫁了。后来他们的儿子真的回来了,夫妇得以保全,像新婚一样甜甜蜜蜜过日子。

又有一次,应公听到那个鬼说:"我本来可以找到替身的,可惜这个秀才坏了我的好事。"

旁边一个鬼说:"你为什么不去害死他?"

那个鬼说:"天帝因为这个人心好,有阴德,已经派他去做阴德尚书了,我怎么害得了他?"

应公听了两个鬼所说的话,就更加努力,善事一天一天去做,功德也一天一天在增加。碰到荒年时,就捐米谷救人;碰到亲戚有急难,也想尽办法助其渡过难关;碰到不如意的事,就反省检讨自己,心平气和地接受事实。因为应公这样为人处世,所以他的子孙得到功名官位的,到现在已经连成串了!

江苏省常熟县有一位徐凤竹先生,他的父亲很富有,也很有善心,碰到荒年,就先把自家应收的田租完全免去,做全县有田人的榜样,而后还捐出自家稻谷救济穷人。有一天夜里,他听到一群鬼在门口唱:"千不诓,万不诓,徐家秀才,做到了举人郎。"那些鬼连续不断呼叫,夜夜不停。这一年,徐凤竹去参加乡试,果然考中了举人。他的父亲因此更加努力不倦地做善事积功德。例如修桥铺路，施斋饭供养出家人。凡是对别人有好处的事情，无不尽心尽力去做。后来他又听到鬼在门口唱："千不诓，万不诓，徐家举人，直做到都堂。"后来徐凤竹果然当了两浙巡抚。

浙江省嘉兴县有一位叫屠康僖的人，起初在刑部里做主事，夜里就住在监狱里，经常仔细盘问囚犯，结果发现被冤枉的有不少人。但是屠公并不觉得自己有功劳，只是秘密地把这件事上报刑部堂官。后来秋审提堂时，刑部堂官根据屠公所提供的材料，纠正了很多冤假错案，释放了十几个被冤枉的人，囚犯们没有不心服口服的。因此京城里的百姓都称赞刑部尚书明察秋毫。

后来屠公又上公文给堂官说："在天子脚下，尚且有这么多被冤枉的人，全国这样大的地方，哪会没有被冤枉的人？所以应该定期派出减刑官，到各省去核实罪案，纠正冤假错案。"尚书代为上奏皇帝，皇帝批准了他的建议，派出减刑官到各省去查察，刚巧屠公也在委派之列。

有一天晚上屠公梦见天神告诉他说："你命里本来没有儿子，但是因为你提出减刑的建议，正与天心相合，所以天帝赐给你三个儿子，将来都可以穿紫袍、束金带、做大官。"这天晚上，屠公的夫人就有了身孕，后来生下了应埙、应坤、应埈三个儿子，果然都作了高官。

有一位嘉兴人，叫包凭，字信之。他的父亲是安徽池州府太守，有七个儿子，包凭最小。包凭被平湖县姓袁的人家招赘为女婿，和我父亲常有来往，交情很深。他学识渊博，才华横溢，对佛道之学也很有研究，但是每次考试都考不中。

有一天，他向东去泖湖游玩，偶然到乡村一个破落的佛寺，看见观世音菩萨的圣像露天而立，被雨淋湿了。当时就掏出十两银子给寺里的住持和尚，叫他修理寺院房屋。和尚说："修寺的工程大，银子太少，不够用，没法完工。"他又拿出四匹松江出产的布料，再从竹箱里捡出七件衣服给和尚。这七件衣服里，有一件是用麻料做的新夹衣，佣人要留下来，但是包凭说："只要观世音菩萨的圣像能够安好，不被雨淋，我就是赤身露体又有什么关系呢？"和尚听后流着眼泪说："施送银两和衣服布匹，还不算难事，只是这一片诚心，岂是谁都有的？"

后来房屋修好了，包凭就拉着父亲同游这座佛寺，并且住在寺中。那天晚上，包凭梦见寺里的护法神跟他说："你做了这些功德，你的子孙可以世世代代享受官禄了。"后来他的儿子包汴，孙子包柽芳，都中了进士，做了高官。

浙江省嘉善县有一个叫做支立的人，他的父亲在县衙的刑房当书办。有一个囚犯被人陷害，判了死罪。支书办可怜他，有意帮他伸冤。那囚犯晓得支书办的好意之后，跟妻子说："支公的好意，我们无法报答，明天请他到乡下，你就嫁给他，他或许会在念这份情上鼎力相助，那么我就有活命的机会了。"他的妻子哭着答应了。第二天，支书办到乡下，囚犯妻子出来劝支书办喝酒，并且把丈夫的意思告诉他。支书办不答应，但最后还是尽力相助，把案子结了。囚犯出狱后，夫妻到支书办家里叩头拜谢说："您这样厚德的人实在少有。现在您没有儿子，我有一个女儿，愿意许给您做扫地的小妾。"这在情理上是说得通的，支书办就预备了礼物，把囚犯的女儿迎娶回家，后来生了儿子支立，才二十岁就中了举人，为官至翰林院的书记，后来支立的儿子支高，支高的儿子支禄，都被保荐做州县学里的教官，而支禄的儿子支大纶，也考中进士。

以上十个故事，每人所做的各不相同，但都是在行善积德，福荫子孙。若是进一步说明，那么做善事有真的假的，有直的曲的，有阴的阳的，有是的不是的，有偏的正的，有半满的圆满的，有大的小的，有难的易的。这些都要仔细辨别。若是做了善事，却没有深入考究，只知盲目苦干，要真的把善事办成恶事，那就是白费苦心，得不到一点益处啊!

第一,真假。元朝时有几个读书人,去拜见天目山高僧中峰和尚,问道:"佛家讲善恶因果报应,如影随形,为什么现在某人不停地在行善,他的子孙反而不兴旺,而某人作恶多端,家里反而发达得很呢?佛说的因果报应有凭据吗?"

中峰和尚回答说:"平常人被世俗的见解所蒙蔽,看不到事实真相,经常把真的善行反认为是恶的,把真的恶行反认为是善的。他们不反思自己颠倒是非,却去怀疑因果报应规律。"

大家又说:"善就是善,恶就是恶,善恶怎么会反过来呢?"

中峰和尚听了之后,便叫他们把自认为是善的、恶的事情各说几件出来。有一个人说:"骂人、打人是恶,恭敬人、礼貌待人是善。"

中峰和尚回答说:"你说的不一定对喔!"

另外一个人说:"贪财、乱要钱财是恶,不贪财、清清白白守正道是善。"

中峰和尚说："你说的也不一定对喔！"

那些读书人，讲了好多善恶的行为，但是中峰和尚都说不一定。他们就问和尚其中的道理。中峰和尚说："做有益于人的事情是善，只为自己就是恶。若是做的事情可以使别人受益，哪怕是骂人打人也都是善；而有益于自己，哪怕是恭敬人礼貌待人，也都是恶。所以一个人做善事，使旁人得到利益的就是公，公就是真；只考虑自己的利益，就是私，私就是假。还有，从心上发出来的善行是真，只不过做个样子的是假。还有，为善不求报答、不露痕迹的是真，为了某一目的才去做善事的是假。像这些都要仔细地考察。"

第二，端曲。现在人们称谨小慎微的人是善人，也很器重这类人。而古时圣贤却更欣赏积极向上、独立特行的人，他们评价谨小慎微的人，即使全乡人都喜欢他，也不过是伤害道德的贼。这样看来，世俗人的善恶观念，分明跟圣人相反。

依此类推，世俗人的种种善恶取舍，都跟圣

人的观点相反。然而天地鬼神庇佑善人惩罚恶人，却和圣人的看法一致，而跟世俗人的观点相反。所以凡是要积功德，绝对不可以被世俗的观点所影响，一定要在起心动念的隐微之处，默默洗净自己的心，千万不可让污浊的环境污染了自己的真心。

纯是救济世人的心，是直；如果存有一丝讨好世俗的念头，就是曲。纯是爱人的心，是直；如果有一丝一毫对世人怨恨不平的念头，就是曲。纯是恭敬别人的心，就是直；如果有一丝玩弄世人的念头，就是曲。这些都应该仔细分辨清楚。

第三，阴阳。凡是一个人做善事被人知道，就叫阳善；做善事而别人不知道，就叫阴德。有阴德的人，由上天给他降福；有阳善的人，由世间给他美名。享受好名声，虽然也是福，但是名声这个东西，为天地所忌讳。如果一个人在世上享受极大的名声，实际上却名不副实，那么他很有可能要遭遇横祸；如果一个人并没有过失差错而被冤枉，或者无缘无故被人栽上恶名，那么他的子孙常常会忽然间发达起来。阴德和阳善的分别很微妙!

　　第四，是非。春秋时鲁国有一法律，凡出资赎回被别国抓去做奴隶的鲁国人的，可以到官府领取赏金。但是孔子的学生子贡，虽然也赎了人回来，却不肯接受赏金。孔子听到之后，很不高兴地说:"这件事子贡做得不对，凡是圣贤无论做什么事情，都要考虑能否移风易俗，以教化引导百姓做好人，而不能只考虑自己的名声。现在鲁国富人少，穷人多，若是受了赏金就算是贪财，那么谁还愿意去赎人? 恐怕从此以后，鲁国再没有人向其他国家赎人了。"

　　有一次子路救了一个溺水的人，那个人就送一头牛来答谢子路，子路欣然接受。孔子知道了，很欣慰地说:"从今以后，鲁国就会有很多人，愿意到深水大河中救人了。"

　　用世俗的眼光看，子贡不接受赏金是好的，

子路接受牛是贪婪。孔子反而称赞子路而责备子贡。由此看来，判断一件事的善恶，不能只看当前的行为，而要看对以后的影响；不能只论一时的是非，而是要看长远的影响；不能只论个人的得失，而是看它对天下大众的影响。

现在的行为，虽然是善的，却会危害后人，那就是表面是善而实际上不是善；现在的行为，虽然不是善，但是流传下去却能够利益后人，那就是表面不善而实际上是善！这不过是举一个例子而已，其它种种，如"非义之义，非礼之礼，非信之信，非慈之慈"都要仔细分辨清楚。

第五，偏正。明朝宰相吕文懿刚辞官回乡时，所有人都很敬佩他，唯独一个乡下人，喝醉酒后大骂吕公。吕公并没有生气，他对佣人说："这个人喝醉酒了，不要和他计较。"吕公就关门不理睬他。过了一年，这个人犯了死罪入狱，吕公方才懊悔地讲："若是当时稍微惩治一下，把他送到官府治罪，借小惩罚而施大儆戒，他就不至于犯下死罪了。我当时只想心存厚道,哪知道反而养成他天不怕地不怕的恶性。"这就是存善心,反而做了恶事的例子。

也有存恶心反而做了善事的例子。像有一个大富人家,碰到荒年,穷人大白天在市场上抢米。这个大富人家便告到县官那里,县官偏偏不受理这个案子,穷人因此更加肆无忌惮。于是大富人家就把抢米的人捉起来关在一起,辱骂他们。那些抢米的人反而安定下来,否则就天下大乱了。这就是存恶心反而做了善事的例子。

大家都知道善是正,恶是偏。善心办恶事,叫正中的偏,恶心办善事,叫偏中的正,这道理大家不能不知。

第六,半满。《易经》说:"善不积,不足以成名,恶不积,不足以灭身。"(意思是一个人不积善不会成就好名声,不积恶则不会引来杀身之祸)《书经》上说:"商罪贯盈,如贮物于器。"(意思是商朝的罪孽,用绳索串起来也能穿满,用器皿装起来也能装满）如果你很勤奋地积福，那么日积月累，总有一天你会积满福来改变自己的命运；如果你很懒惰，三天打鱼两天晒网，那么你很难积够福。这是讲半善满善的第一种说法。

从前有一户人家的女子，到佛寺里去，准备捐点香油钱，可惜身上只有两文钱，就都捐了出来。虽然只是两文钱，寺里的首席和尚竟然亲自替她在佛前回向，求忏悔灭罪。后来这位女子进皇宫做了贵妃，富贵之后便带几千两银子来寺里布施，但是主僧只安排徒弟替她回向。那女子有些不解，就问主僧说："我从前不过布施两文钱，师父就亲自替我忏悔。现在我布施了几千两银子，而师父不替我回向，不知是什么道理？"主僧说："从前布施的银子虽然少，但是你布施的心，很真切虔诚，所以非我老和尚亲自替你忏悔，便不足以报答你布施的功德；现在布施的钱虽然多，但是你布施的心，不像从前那么真切，所以叫人代你忏悔，也就够了。"这就是为什么几千两银子的布施只能算是半善,而两文钱的布施却是满善的道理。这是讲半善满善的第二种说法。

汉朝人钟离送金丹给吕洞宾,让他用金丹点白铁,使白铁变成黄金,再用黄金救济世上穷人。吕洞宾问钟离说:"这些金子最后会不会变回铁呢?"钟离说:"五百年以后,仍旧要变回铁。"吕洞宾又说:"这样就会害了五百年以后的人,我不做这样的事。"钟离见吕洞宾心地善良,就对他说:"修仙要积满三千件功德,听你这句话,你的三千件功德已经做圆满了。"这是讲半善满善的第三种说法。

一个人做了善事,如果内心能不执着于所做善事,那么不管做什么善事,都算功德圆满;若是做善事,心就牢记着这件善事,虽然一生都很勤勉的做善事,也只不过是半善而已。譬如拿钱去救济人,要内不见布施的我,外不见受布施的人,中不见布施的钱,这才叫三轮体空,也叫一心清净。如果能够这样布施,那么纵使布施一斗米，也可以种下无边无际的福了；即使布施一文钱，也可以消除一千劫所造的罪业。如果这个心，不能够忘掉所做的善事，那么即使用二十万两黄金去救济别人，还是不能够得到圆满的福报。这是讲半善满善的第四种说法。

　　第七，大小。从前有一个人叫做卫仲达，在翰林院里做官，有一次他的魂魄被鬼卒引到阴间。阴间的主审判官，吩咐手下的书办，把他在阳间所做的善事、恶事两种册子送上来。等册子送到一看，他的恶事册子，竟然摊满了整个院子，而善事的册子，只不过像一支筷子那样小。主审官又吩咐拿秤来过秤，那摊满院子的恶册子反而比较轻，而像筷子那样小的善册子反而比较重。卫仲达就问说："我年纪还不到四十岁，怎会犯下这么多的罪过？"主审官说："只要一个念头不正，就是罪过，不必等到你去实施。"卫仲达又问善册子里记的是什么事。主审官说："有一次皇帝要大兴土木，修三山地方的石桥。你上奏劝皇帝不要修，免得劳民伤财，这是你的奏章底稿。"卫仲达说："我虽然讲过，但是皇帝不听，最后还是动工了。我的奏章并没有发生作用，怎么还有这么重呢？"主审官说："皇帝虽然没有听从你的建议，但是你这个念头，目的是要使千万百姓免去劳役。倘使皇帝听从你的建议，那善的重量就更大了！"所以立志做善事是为了利益天下百姓，那么不管善事多么小，功德都很大。假使只是为了自己，那么不管善事有多少，功德都很小。

第八，难易。从前读书人都说，克制自己的私欲，要从最困难的地方开始。孔子也讲，仁道要在最难的地方下工夫。孔子所说的难，也就是除掉私心，并应该先从最难做，最难克除的地方做起。一定要像江西的舒老先生，用自己教书两年所得的薪水，帮助一户穷人还清欠官府的债务，使他们夫妇不被拆散。或者像河北邯郸县的张老先生，用自己十年的积蓄，替一位穷人赎回妻儿，使妻儿能生活下去。像舒老先生和张老先生，都是在最难以布施的地方布施。又像江苏镇江的靳老先生，年老没有儿子，因不忍心误了邻家少女的青春，而拒绝纳其为妾。这就是在最难忍的地方忍。所以上天赐给这几位老先生的福，也特别的丰厚。

凡是有财有势的人要立些功德，比平常人来得容易，但是容易做，却不肯做，那就是自暴自弃了；而没钱没势的穷人，要积些福，相对比较困难，难却能做到，这才真是可贵啊！

我们为人处事，应该顺着因缘去救济众人，救济众人的种类很多，可以简单地归纳为十类：第一，是与人为善。看到别人有一点善心，我就帮他，使他善心增长。别人做善事，力量不够，做不成功，我就帮他，使他做成功，这都是与人为善。

第二，是爱敬存心。就是对比我学问好、年纪大、辈份高的人，都应该心存敬重；对比我年纪小、辈份低、景况穷的人，都该要心存爱护。

第三，是成人之美。譬如一个人要做件好

事,尚未决定,则应该劝他尽心尽力去做。别人做善事时,遇到了阻碍不能成功,应想方法指引他,劝导他使得他成功,而不可生嫉妒心去破坏他。

第四,是劝人为善。碰到做恶的人,要劝他做恶绝对有苦报,恶事万万做不得;碰到不肯为善,或只肯做些小善的人,就要劝他行善绝对有好报,善事不但要做,而且还要做得多,做得大。

第五,是救人危急。一般人大多喜欢锦上添花,而缺乏雪中送炭的精神;而当遇到他人最危险、最困难、最紧急的关头,能及时向他伸出援手,拉他一把,出钱出力帮他解决危急困境,可以说是功德无量,但是不可以引以为傲!

第六,是兴建大利。有大利益的事情,自然要有大力量的人,才能做到,一个人既然有大力量,自然应该做些大利益的事情,以利益大众。例如,修筑水利系统、救济大灾害等等。但是没有大力量的人,也可以做到的。譬如,发现河堤上有个小洞,水从洞里冒出,只要用些泥土、小石,将小洞塞住,这堤防就可以保住,而防止了水灾的发生。事情虽然小,但这种功效也是不可忽视的。

第七,是舍财作福。俗语说:人为财死,世人的心总爱钱财,求财都来不及,还愿意去舍财济助他人吗?因此,能舍财去消除别人的灾难,解决他人的危急,对一个常人而言,已不简单,对穷人来说,则更加了不起。如按因果来讲,'舍得,有舍才有得。''舍不得,不舍就不得。'做一分善事就会有一分福报,所以不必忧愁我们会因为舍财救人,而使自己的生活陷于绝路。

第八,是护持正法。这种法,就是指各种宗教的法。宗教有正,有邪,法也有正,有邪,邪教的邪法最害人心,自然应该禁止。而具有正知正见的法,是最容易劝导人心,挽回善良风俗的。若是有人破坏,一定要用全力保护维持,不可让他破坏。

第九，是敬重尊长。凡是学问深、见识好、职位高、辈份大、年纪老的人，都称为尊长。自己都应该敬重，不可看轻他们。

第十，是爱惜物命。凡是有性命的东西，都是有知觉的，晓得痛苦，并且也会贪生怕死。应该要哀怜它们，怎可以乱杀乱吃呢？有人说，这些东西本来就是要给人吃的。这话是最不通的，而且都是贪吃的人所造出来的话。

第一，与人为善。古时候，舜在雷泽湖边看渔夫捕鱼。看到那些年轻力壮的都占据水深流缓鱼多的地方，而那些年老体弱的只能在水浅流急鱼少的地方，舜心里就很不舒服。他想了一个方法，自己也去捕鱼，见到那些占据好地方的人，也不说他们的过失，见到那些让出好地方的年轻人，便到处称赞他，拿他作榜样。就这样过了一年，年轻力壮的渔夫都能主动让出鱼多的地方给老年渔夫了。像舜那么深明事理的人，为什么就不能说几句中肯的话来教化众人,而一定要亲自参与呢?舜不用言语来教化众人,而是率先垂范、以身作则,使人自觉惭愧而主动改正错误,这真是用心良苦啊!

我们生在末法时代、多元社会里,千万不要用自己的长处掩盖别人的短处;也不要用自己的善行彰显别人的恶习;也不要用自己的才华使别人难堪;要虚怀若谷、大智若愚,时刻收敛自己的聪明才智;看到别人有过失,要包容他,放大心量来为他隐蔽,不要到处宣扬,像这样一方面给他改过自新的机会,另一方面促使他有所顾忌而不敢太过放肆;看到旁人的小长处小善行,都要放下自己的成见,虚心向他学习,并且称赞他,替他广为传扬。一个人若能在日常生活的一言一行,一举一动中,彻底去除自私自利的念头,只留下为社会大众谋福利、做贡献、树榜样的心,那么他就是胸怀天下的伟人。

第二,爱敬存心。君子与小人,简单从言谈举止上看很容易混淆,但只要分析他们的本心善恶,就会发现他们的差别其实很大,简直就是黑白分明。所以孟子说:"君子所以异于人者,以其存心也。"(意思是说君子与常人不同的地方就在他们的存心)

君子的存心,是爱人敬人的心。人虽然有亲近、疏远、尊贵、低微、聪明、愚笨、高尚、下流等种种不同,但都是我们的同胞,本来跟我们一体,哪一个不该爱敬呢?爱敬众人,就是爱敬圣贤人。能够明白众人的意思,就是明白圣贤的意思。这是为什么呢?因为圣贤本来希望全世界的人都能安居乐业,生活幸福美满。我们若能处处爱人敬人,使我们周围的人,都能生活得幸福美满,也就是帮助圣贤达成所愿。

第三,成人之美。一块未经雕刻的玉石,如果随便丢弃,那么它将与瓦片碎石无异。如果加以雕刻琢磨,那么它将变成宝物圭璋。人要成才,也离不开正确的教育劝导,所以看到别人要做善事,或者别人追求上进,而且天资不错时,就要尽力引导帮助他,使他得成所愿。或者夸奖赞扬,或者激励扶持,如果他受了冤屈,就要替他辩解冤屈、澄清诽谤,一定要使他立身于社会,这才算是尽了我的心意。

常人都讨厌与他不同类型的人,我们世俗人的习性善少恶多,所以善人处在世俗里,常常被人孤立。况且豪杰多数刚正不屈,且不拘小节,很容易落人口实,受人攻击。所以世间善事常要失败,善人也常被诽谤。只有仁人长者,才能坚持正义,主持公道,纠正歪风邪气,帮助善人得以成就。成人之美的功德实在宏大!

第四,劝人为善。人生在世,哪一个没有良心?然而世道坎坷,社会上人人都在追求名利权势,因而障蔽真心迷失自性。一个人如果没有足够的定力,很容易受影响而走上歪路。所以,有缘跟迷失自性的人相处共事时,一定要随机提醒他,使他破除迷惑走上正道。就如当他做梦时叫醒他，使他清醒过来，觉悟真理，又如在他烦恼时，使他摆脱困境，重拾舒畅轻松心情。这些恩惠功德最为广博。

从前韩文公说："一时劝人以口，百世劝人以书。"（意思是以口来劝人，只在一时，以书来劝人，可以流传百世）劝人为善跟前面讲的与人为善比较起来，虽然是有所为而为之，带着较强的目的性和功利色彩，然而却能对症下药，经常会有特殊的效果，这种方法也不可以放弃。如果劝人时话不投机，或者如对牛弹琴对方毫无反应，或者对方并不接受甚至反唇相讥，就要检讨自己是否操之过急。

第五，救人危急。陷入困境或者颠沛流离的生活，人一辈子中难免要遇上。偶然碰到身处困境的人，要当作发生在自己身上一样，赶快相助解救。或者用话语帮助他申辩冤屈，或者想方设法帮他渡过难关。明朝崔子曾经说："惠不在大，赴人之急可也。"（意思是恩惠不要求大，只要能在别人危急时施以援手就行)这句话真正是仁者的话呀!

第六,兴建大利。小至一个乡,大到一个县,凡是有益公众的事,最适宜开展。或是开辟沟渠来引水灌溉农田;或是建筑堤岸来预防水灾;或是修筑桥梁以方便人们出行;或是施送茶饭以救济饥饿口渴的路人。只要有机会,就要劝导大家,同心协力,共商义举,不要因为避嫌、怕辛苦、担心受埋怨而退缩不做。

第七,舍财作福。佛门里有万种善行,以布施最为重要。讲到布施,实际上就一个"舍"字。真正明白"舍"的道理的人,什么都"舍"得掉。对内能舍掉眼睛、耳朵、鼻子、舌头、身体、念头等六种感官的功能,对外不受色、声、香、味、触、法六种感觉的影响,一切东西、感觉、念头没有舍不掉的。若能如此,那就身心清净,了无牵挂,潇洒自由,生死自在了。如果没有这种功夫,就从钱财布施着手吧!世间人都把穿衣吃饭,看得像生命一样重要，因此钱财上的布施也最为重要。如果我能够痛痛快快地施舍钱财，那么对内我们可以破除吝啬小气的毛病，对外我们可以救济别人的急难。布施钱财也不容易做到，刚开始时有些勉强，坚持下去也就自然了。这种方法最有利于消除贪念私欲，也可以除掉自己对钱财的执著与依赖。

第八，护持正法。法就是真理，就是千万年来有灵性有生命的众生的眼目。如果没有正法，天地如何造化万物？万物如何生化成长？人们如何摆脱束缚走向自由世界？又如何治理天下，脱离生死轮回的苦海？所以凡是看到圣贤的寺庙、雕像、经典、遗训，都要加以敬重，有破损不全的，要进行修补整理。至于宣传佛法，报答佛恩，就更应该全力以赴地进行了。

第九，敬重尊长。对家里的父亲、兄长，国家的君王、长官，以及年岁、道德、职位、见识高的人，都要虔诚敬重、细心侍奉。在家里侍奉父母,要有深爱父母的心,要委婉和顺、心平气和并习以为常,因为和气可以感动天心;在外服务人民,处理政事,不能以为别人不知道就肆意妄为;审理罪犯疑人,也不能以为别人不知道就耀武扬威;服务人民,要像面对上天一样恭敬。这是古人所订立的规矩,跟阴德的关系最大。不信你看,凡是忠孝人家的子孙,没有不长久发达、兴旺昌盛的,所以一定要小心谨慎地去做。

第十,爱惜物命。人之所以为人,就在于他有一片恻隐之心。求仁的,就是求这一片恻隐之心;积德的,也是积这一片恻隐之心。《周礼》说:"孟春之月,牺牲毋用牝。"(意思是每年正月时,祭品不能用雌性的)孟子说:"君子远庖厨。"这都是要保全自己的恻隐之心。所以,古人有四种肉不吃的禁忌:动物被杀时听到声音的不吃;被杀时看见的不吃;自己养大的不吃;因为我而杀的不吃。后辈的人一下子断不了荤食,也应该从不吃这四种肉开始减少吃荤食。渐渐地减少吃肉，慈悲心也在渐渐地增加。不但杀生应戒，就是昆虫等有生命的动物，都不应该伤害它们的性命。像用丝来做衣服，就要把蚕茧放在水里煮；锄地种田也会杀害地下生物的性命。想想我们穿的衣服、吃的饭都要由牺牲很多生命而换来。所以糟蹋粮食，浪费东西的罪孽，跟杀生的罪孽差不多。至于随手误伤的生命，脚下误踏而死的生命，又不晓得有多少，这都要设法防止。宋朝的苏东坡写的诗说："爱鼠常留饭，怜蛾不点灯。"（意思是说担心老鼠会饿死，就为老鼠留些饭；哀怜飞蛾会扑到灯上烫死，所以不点灯）这话多么仁厚慈悲呀！

善事无穷无尽，哪能说得完？只要把上边说的十件事，推广发扬，那么无数的功德就能圆满了。

第四篇　谦德之效

《易经·谦卦》说："天道亏盈而益谦，地道变盈而流谦，鬼神害盈而福谦，人道恶盈而好谦。"（意思是天道使盈满的受亏损，让谦虚的得益；地道使盈满的改变，使而谦虚的滋润；鬼神之道，使盈满的受害，使谦虚的得福；人之道，厌恶骄傲自满的人，喜欢谦虚谨慎的人）《易经》六十四卦，每一卦爻中都有凶有吉，唯有这个谦卦，每一爻都是吉祥的。《书经》上也讲到："满招损，谦受益。"（意思是：自满就会遭到损害，谦虚却能受益。）我多次参加考试，经常看到那些将要高中的贫寒读书人，脸上都洋溢着一片谦和安详的光彩。

辛未年，我到京城参加会试，嘉善同乡大约有十个人，丁敬宇最年轻也最谦虚，我告诉费锦坡说："这位老兄，今年一定考中。"费锦坡问我怎么看出来的。我说："只有谦虚的人才可以承受福报。你看我们十人当中，有像敬宇这样的吗？诚实厚道、不抢人先，恭恭敬敬、逆来顺受、小心谨慎，受人侮辱而不回应，被人诽谤而不争辩。一个人能够做到这样，就是天地鬼神也要保佑他，岂有不发达的道理？"等到放榜时，丁敬宇果然考中了。

丁丑年我在京城里，和冯开之住在一起，看见他总是虚心自谦，面容和顺，大大改变了他小时候的习气。他有一位正直又诚实的朋友李霁岩，经常当面指责他的缺点，他都能平心静气地接受，从来不反驳一句话。我告诉他说："一个人有福，一定有福的根苗；有祸，也一定有祸的预兆。只要能够谦虚，上天一定会帮助他的，你老兄今年必定能够登第!"后来冯开之果然考中了。

赵裕峰,名光远,山东省冠县人。不满二十岁就中了举人,后来参加会试却多次不中。他的父亲做嘉善县的主任秘书,裕峰随同父亲上任。裕峰非常倾慕嘉善县的名士钱明吾的学问,就拿自己的文章去见他。哪晓得钱先生,竟然将他的文章都涂掉了。裕峰不但不发火,还心服口服地把自己文章的缺失改过来。如此虚心用功的年轻人实在是少有,第二年,裕峰就考中了。

壬辰年我入京城觐见皇帝,见到一位叫夏建所的读书人,低声下气,脸上洋溢着谦虚的光彩。我回来告诉朋友说:"凡是上天要使让人发达,在没有发他的福时,一定先发他的智慧,智慧一发,浮华的人也会变得诚实,放肆的人也会自动收敛。夏建所温和善良到这种地步,一定是发了智慧,上天就要发他的福了。"等到放榜时,夏建所果然考中了。

江阴有一位读书人,名叫张畏岩。他的学问

很深,文章写得很好,在读书人当中颇有名声。甲午年南京乡试,他借住在一处寺院里。放榜时榜上没有他的名字,他不服气,大骂考官瞎了眼,看不到他的文章好。那时候有一个道士在旁微笑,张畏岩马上把怒火发到道士身上。道士说:"你的文章一定不好。"张畏岩愤怒地说:"你没有看到我的文章,怎么知道我的文章不好?"道士说:"我听人说,写文章最要紧是要心平气和,现在听到你大骂考官,表示你的心非常不平,气这么冲,你的文章怎么会好呢?"张畏岩听了道士的话,不觉屈服了,就转过头来向道士请教。道士说:"考功名全靠命运,命里没有的,文章再好也没用,这时候想考中,就一定要改变自己的命运。"

张畏岩问道:"既然是命,怎样能改变呢?"道士说:"造命的虽然是天,但立命的却是你自己。只要你肯努力去做善事,多积阴德,什么福求不到呢?"

张畏岩说:"我是一个穷书生,能做什么善

事呢?"

道士说:"行善事,积阴功,都是从你的心做出来的。只要常有做善事、积阴德的心,功德就无量无边了。就像谦虚这件事,又不要花钱,你为什么不自我反省,反而去骂考官不公平呢?"

张畏岩听了道士的话,就降低身份,克制自己,天天加功夫去修善积德。到了丁酉年,有一天,他梦中到了一处很高的房屋,看到一本名册,中间有许多的缺行。他看不懂,就问旁边的人。那个人说:"这是今年考试录取的名单。"张畏岩问:"为什么名册内有这么多缺行?"那个人回答说:"阴间每三年要考查一次那些可以高中的人,有积德没过失的,这册里才会有名字。名册前面的缺额,就是那些本该考中,但最近造了罪业而被除名的人。"那个人又指着一行说:"你三年来能严格要求自己,也许有机会补上这个缺,希望你珍重自爱!"果然张畏岩就在这次会考中,考中第一百零五名。

从上面所讲的看来,举头三尺高,一定有神明在监察每个人的行为。趋吉避凶,绝对是由自己决定的。自己只有存善心,约束一切不善的行为,丝毫不得罪天地鬼神,谦虚自处,总是委屈自己成就他人,使天地鬼神时时哀怜自己,这样才可以加固福报的根基。那些心高气傲的人,一定难成大器,就算能发达,也不会长久。稍有见识的人,一定不肯把自己的肚量弄得很狭窄,而拒绝自己本来可得的福报。况且谦虚的人,经常可以得到别人的教导,学习别人的长处。尤其是进德修业的人,更不能缺少谦虚的品格。

古话说:"有志于功名者,必得功名;有志于富贵者,必得富贵。"人要有远大的理想,就像树要有根一样。意志坚定,还要每一个念头、每一次行动都与人方便,这样就能感动天地,就能为自己造福从而改变自己的命运了。可惜现在那些求取功名的人,没有真正用心的,不过是一时的兴致罢了,心血来潮时就去行善积德,兴致退了就停止。

孟子对齐宣王说:"王之好乐甚,齐其庶几乎?"(意思是,大王这么喜好音乐,那么齐国也应该很兴旺了吧?)我对于追求科第功名的看法,也是这种态度。科第功名跟富贵、健康、幸福、轻松自在一样,都是有定数的,只有通过断恶修善积德,才能积累足够的福报而得成所愿。

附录：云谷大师传

(明)憨山德清 撰

云谷大师，俗姓怀，法名法会，别号云谷，嘉善胥山人。生于弘治庚申年（1500），自幼立志出家修行，于是拜本乡大云寺的某老和尚为师。起初，大师只是随众学习瑜伽焰口等事。但他心里常想："出家修行，最重要的是解决生死大事，怎么能只为生计和衣食迎生送死赶赴经忏呢？"十九岁时，他下定决心四方云游，到处参访善知识，不久就受了三坛大戒。后来，他听说了天台宗的小止观法门，就专心去修持。法舟济禅师是续承径山（大慧宗杲禅师）一脉的高僧，在本县的天宁寺闭关修行。云谷大师听闻后立即去参访他，并呈上自己所修的成果。法舟禅师开示说："止观修行的关键是，不依赖身心和气息，达到内外超脱的境界。你所修的，只停留在较低的层次，哪里是佛教西来传法的本意呢？学道必须以明心见性、彻悟自心为主。"云谷大师听后悲伤不已，恭敬地请求禅师进一步指点。法舟禅师随即教他参"念佛是谁？"话头，让大师在"谁"字上重下"疑情"。云谷大师依教奉行，日夜参悟研究，连睡觉和吃饭都顾不上了。有一天吃饭，他都吃完了也没觉察到，碗突然掉在地上，他突然醒悟，就像从梦中惊醒一样。他再次去请教法舟禅师，禅师便印证了他！后来，他阅读《宗镜录》，对书中"三界唯心"的宗旨彻底了悟。从此以后，对于一切佛经教义和各位祖师的公案，他都了然洞彻，熟悉得就像看到家中的老物件一样。于是，云谷大师韬光晦迹于各大丛林寺院，默默领受煮饭挑水、种菜出坡、服务大众等卑微之事。有一天，他读到《镡津集》，看到明教大师护法的深切用心，这位大师最初是礼拜观音大士，并且日夜称念观音名号十万声。云谷大师发愿效仿，于是顶礼观音大士像，整夜不睡觉，礼拜、经行，终身都没有懈怠过。

那时候，江南一带的佛法和禅宗几乎要没落了。云谷大师刚到金陵时，住在天界寺毗卢阁下的行道上，见到他的人都觉得他很特别。被封在南京的明代宗室魏国先王听说了他的事迹，就请他到西园丛桂庵受供养，大师在那里入定三天三夜。没过多久，我的先大师祖西林翁，当时掌管僧录，兼任报恩寺住持，他前去拜见大师，并邀请大师住到报恩寺的三藏殿去。大师正襟危坐在一个佛龛里，从不主动迎送客人，足足三年没有跨出过寺门，几乎没人知道他的存在。有一次，有位权贵到寺里游玩，看到大师端坐在那里，觉得他没有对自己行礼，便辱骂了他。大师于是拿起拐杖，走到了摄山的栖霞寺。

栖霞寺是梁朝时开创的,起初梁武帝开凿了千佛岭,后来历代朝廷都加以赏赐,并封赠田地供养。但是到了明朝,这座道场荒废已久,大殿成了虎狼的巢穴。大师喜欢这里的幽静深邃,于是在千佛岭下搭了间茅屋,从此足不出户。有时有盗贼来侵扰大师,偷走了他所有的东西,但直到天亮,盗贼还没有走出那个茅屋。人们抓住盗贼,把他送到大师那里。大师不仅给他饭吃,还把盗贼偷走的东西都给了他,从此,听说这件事的人都受到了感化。

后来做宰相的陆五台,起初在祠部任职,他寻访古代的道场,偶然来到栖霞寺,见到大师气质非凡,非常敬重他。陆公在山中住了两晚,打算重修栖霞寺,并请大师做住持。大师坚决推辞,并推荐嵩山的善老和尚来接任。善老和尚恢复了寺庙的原貌,赶走了占据寺庙的豪民,设置了方丈室,建造了禅堂,开设了讲经席,接纳了四方来客。江南的丛林制度从此开始兴盛,这些都是大师的功劳啊。

道场兴盛之后,前来参访的人络绎不绝,大师于是搬到了后山的幽深处,那里有个地方叫"天开岩"。他像之前一样,独自居住,形影相吊。当时,由于陆公的引导和介绍,许多官员和居士都知道了禅宗,并听闻了大师的风范,纷纷前来拜访。凡是来参访请教的人,大师一见面就会问:"你平时的日用行事怎么样?"不论来访者是贵是贱,是僧是俗,进入室内后,大师都会把蒲团扔到地上,让他们端正坐下,反观自己的本来面目,有时甚至整天都不说一句话。临别时,大师总会嘱咐:"不要虚度光阴。"再次相见时,大师必定会询问他们分别后的修行功夫,以及其中的难易感受。因此,那些修行不扎实、心态荒唐的人,往往无言以对。大师虽然慈悲为怀,但要求严格,虽然没有刻意设置什么规矩,但见到他的人都会感到敬畏,仿佛面对悬崖峭壁,不寒而栗。然而,大师始终以平等之心对待每一个人,接人待物总是轻声细语、平和无偏，从未有过严厉的言辞或脸色。因此，归依大师的士大夫越来越多，即使不能亲自上山拜访，也有人请求见面，大师以化导众生为心愿，也会前去相见。每年，大师都会进城一两次，每次都住在回光寺。每当他到来时，在家的信众们就像众星拱月一般围绕着他。但大师却把他们看作幻化之人，从未有过一丝分别之心。因此，那些亲近大师的人，就像婴儿依偎在慈母身边一样。大师出城时，大多住在普德寺，曪鹤悦老和尚就是在这里接受了大师的教导。

  我的太师翁经常邀请大师到他的书房，一谈就是十天半月。我还是孩童的时候，就亲近并侍奉大师，大师很器重我，总是不厌其烦地教导我。我十九岁时，有了不想出家的念头。大师知道了，就问我："你为什么背离了自己的初心呢？"我回答说："只是厌烦普通僧人太过庸俗了。"大师说："既然如此，你为什么不学习高僧呢？古代的高僧，天子不以臣子的礼节对待他们，父母不以子女的礼节养育他们。天龙鬼神都恭敬他们，但他们并不以此为喜。你去读一读《传灯录》和《高僧传》，就会明白了。"我马上从书箱中找出一部《中峰广录》，拿给大师看。大师说："仔细品味这部书，你就会知道僧人的尊贵之处了。"因此，我下定决心要出家修行，这实在是受到了大师的启发，那是在嘉靖甲子年（1564）。丙寅年（1566）的冬天，大师痛心于禅宗的衰落，于是召集了五十三人，在天界寺结期坐禅。大师极力推荐我参加共修，并指示我参"向上一着"，教我念佛并反观"念佛的人是谁？"的话头，这时我才知道有宗门这一回事。相比之下，南京的其他寺庙里，真正修行禅宗的人不过四五个人而已。

大师晚年时，慈悲之心更加深切。即使是年纪最小的小沙弥，他也用慈悲的眼光看待，以礼相待。对于他们的行为举止、威仪规范，大师都耐心地教导，循循善诱，见到他的人都觉得大师像是对待自己的亲人一样。然而，大师护持佛法的决心也很坚定,对初学者不轻视,对毁戒者不怠慢。各山有很多僧人都不守规矩,凡是触犯法规纪律的,大师一旦听说,不等别人来求,就会主动前去救助。他恳切地请求主管官吏保护佛法,强调佛法需要王臣作为外护,只希望他们能体悟佛陀的心意,侮辱僧人就是侮辱佛陀。听到这些话的人,无不改变态度,释然于心,直到达到解脱的境界才罢休。然而,大师的这些事迹竟很少有人知道。所以,那些听到大师教诲的人,也从未觉得大师多管闲事。久而久之,大家都知道这是出于大师无缘大慈的心。了凡袁公在科举未中之前,曾在山中参访大师,两人相对默坐了三天三夜,大师向他传授了唯心立命的宗旨。了凡袁公遵奉大师的教导,详细记录在《省身录》中。因此,大师的道行日益受到人们的尊重。隆庆辛未年(1571),我辞别大师北上游历。大师告诫我说:"古人行脚云游,只是为了询求参悟本来面目,你应当思考将来如何面对父母师友,千万不要白白浪费了草鞋钱。"我流着泪行礼告别。

壬申年(1572)的春天,嘉禾的吏部尚书默泉吴公、刑部尚书旦泉郑公、平湖的太仆五台陆公及他的弟弟云台,一同邀请大师回到故乡弘法。这些大人们时常进入大师的禅室请教,每次见到大师都会点燃香火请求开示,并以弟子的礼节对待大师。达观可禅师经常与尚书平泉陆公、中书思庵徐公一同拜访大师,向大师请教《华严经》的宗旨。大师为他们阐述了四法界圆融的妙义,他们都赞叹不已,表示从未听过如此深刻的讲解。

大师平时教导别人时,特别标举出唯心净土。他一生随缘而行,从不刻意树立自己的门派。只要山中有禅宗道场,必定会邀请他坐在方丈的位置上。到了那里,他就会宣扬百丈禅师的规矩,务必让大家明白先贤们的典范,从不轻易放过任何细节。大师平时稳重少言,说话的声音就像空谷中的回响一样清晰。他凭借定力,在山中清修,四十多年来始终如一,连睡觉都不曾躺下，始终保持着坐姿。他终身都在礼佛诵经，从未间断过。在江南禅宗初创、议论纷歧的时候，大师始终保持着自己的操守，从未受到过非议，由此可见他的品行高尚。

大师在家乡居住了三年，感化了无数人。有一天晚上，附近四个乡村的人们都看到大师的庵中燃起了大火。等到天亮赶去查看，却发现大师已经安然圆寂了，那是万历三年乙亥正月初五日。大师出生于弘治庚申年（1500），享年七十五岁，出家修行五十年。他的弟子真印等人，按照佛教的仪式进行了火化，并将大师的遗骨安葬在寺庙的右侧。

自从我离开大师后，游历四海，参访了许多有学识的人，但从未见过像大师那样操行平实、真正慈悲安详的人。每当我想起大师，他的声音、容貌、举止都清晰地浮现在我的心头。由于我深感大师对我的法乳深恩，所以即使到了老年，也无法忘怀。大师出家修行的因缘，我曾亲自听过他的开示。但关于他最后的归宿,我仍然不得而知。在丁巳年(1617),我东游时,曾前往沈定凡居士的斋堂,并在栖真寺礼拜了大师的纪年塔。于是,我发起募捐,为大师的塔建造了亭子,并置办了供养和祭祀的田地,以尽我微薄的心意。我看到了凡先生为大师所写的铭文,但觉得还不够详尽,于是概述了我所听所闻,为他写了这篇传记,以便让后人了解。大师是中兴禅宗的祖师,可惜他的机锋法语没有被记录下来,无法发扬其深奥的禅理。

释德清说:达摩祖师单传的禅法,经过五宗的传承,到了我们明朝径山之后,禅宗的传承几乎要断绝了。只有我们的大师,从法舟禅师那里,续接了这一线禅脉。虽然大师没有大力弘扬佛法,但在禅宗衰微的时候,他挺身而出,振兴禅宗,让人们知道有"向上一着"的事情。他的见地稳密,操行平实,无论动静都不忘规矩,仍然保存着百丈禅师的典范。我遍访各地,即使修行有成就的人，也无法超越大师。难道大师不是一代人天师表的楷模吗？我释德清惭愧自己根器愚钝，不能继承并发扬家传佛法，有负于明教的期望。然而，对于肩负佛法传承的责任，我未敢丝毫懈怠。我恭敬地记述了大师生平的事迹，希望后来的读者，能够从中领悟到古人的智慧和风范。